中华人民共和国电力行业标准

水电水利工程施工机械安全操作规程
履 带 式 布 料 机

Safety operation code for construction equipment of hydropower and water conservancy engineering crawler spreader

DL / T 5723 — 2015

主编机构：中国电力企业联合会
批准部门：国 家 能 源 局
施行日期：2015 年 9 月 1 日

中国电力出版社

2015 北 京

中华人民共和国电力行业标准
水电水利工程施工机械安全操作规程
履 带 式 布 料 机
Safety operation code for construction equipment of
hydropower and water conservancy engineering
crawler spreader
DL / T 5723 — 2015
*
中国电力出版社出版、发行
（北京市东城区北京站西街 19 号 100005 http://www.cepp.sgcc.com.cn）
北京博图彩色印刷有限公司印刷
*
2015 年 12 月第一版 2015 年 12 月北京第一次印刷
850 毫米×1168 毫米 32 开本 0.875 印张 18 千字
印数 0001—3000 册
*
统一书号 155123 • 2636 定价 **9.00** 元

前　言

本规程是根据《国家发展改革委员会办公厅关于印发2007年行业标准修订、制定计划的通知》（发改办工业〔2007〕1415号）的要求制定。

本规程由中国电力企业联合会提出。

本规程由电力行业水电施工标准化技术委员会归口。

本规程主编单位：中国水利水电第八工程局有限公司。

本规程主要起草人：曹跃生、孙红、漆新江、涂怀健、张祖义、曾辉、王启茂、王剑、周祝寿、皇甫斐杰、吴成、刘棉场、罗振佳。

本规程主要审核人：许松林、汪毅、孙来成、蔡启光、宗敦峰、梅锦煜、毛亚杰、孙志禹、郭光文、高翔、郑平、楚跃先、余英、郑桂斌、周长江、常焕生、王鹏禹、牛宏力、吴秀荣、朱明星、吕芝林、康明华。

本规程在执行过程中的意见或建议反馈至中国电力企业联合会标准化管理中心（北京市白广路二条一号，100761）。

目　　次

Contents

1 总　　则

1.0.1 为了规范水电水利工程履带式布料机的安全操作，预防各类事故的发生，确保设备和人员的安全，特制订本规程。

1.0.2 本规程规定了履带式布料机的安装、运行、维护、保养、拆除、运输等方面的安全操作技术要求。

1.0.3 本规程适用于输送各类混凝土及其他散状物料的有多节臂架的履带式布料机。

1.0.4 履带式布料机使用的环境条件应满足设备技术文件要求。

1.0.5 履带式布料机安全操作除应遵守本规程外，还应符合国家现行相关标准的规定。

2 术 语 和 定 义

下列术语和定义适用于本规程。

2.0.1 履带式布料机（crawler spreader）

由上料胶带输送机、布料胶带输送机、履带式底盘及相关控制系统组成的机械设备。

2.0.2 上料胶带输送机（feeding belt conveyor)

将物料从受料口传输到布料胶带输送机进料口的胶带输送机。

2.0.3 布料胶带输送机（placing belt conveyor)

将物料从上料胶带输送机的出口传输到受料点的胶带输送机。

2.0.4 臂架（cantilever）

安装在底盘上，由多节臂组成，具有伸缩功能的布料胶带输送机机架。

2.0.5 最大布料半径（max placing radius)

布料胶带输送机出料口中心到其回转中心的最大距离。

2.0.6 最小布料半径（min placing radius)

布料胶带输送机出料口中心到其回转中心的最小距离。

2.0.7 布料作业范围（placing range)

布料机最大半径和最小半径之间的区域。

3 安装与拆除

3.1 准备工作

3.1.1 应根据设备使用维修手册和有关规定，结合场地和吊装机具等条件，编制专项安装、拆除方案。

3.1.2 应检查履带式布料机各部件、液压与电气系统是否符合要求，消除缺陷和安全隐患。

3.1.3 应进行技术交底和培训。

3.1.4 从事安装与拆卸工作的特种作业人员应持证上岗。

3.1.5 吊装机具应安全可靠。

3.1.6 安装、拆除的场地应保证作业安全。

3.2 安装

3.2.1 履带式布料机首次安装应在厂家技术人员的指导下作业。

3.2.2 应按照安装专项方案进行，做好过程记录。

3.2.3 应按设备使用维修手册规定的顺序安装。

3.2.4 起吊前应检查捆绑、悬挂及吊点位置。

3.2.5 脱钩前应检查已就位部件是否固定。

3.3 调试

3.3.1 履带式布料机安装完成后应进行整机调试。

3.3.2 整机调试应包括主体功能和安全保护功能的调整及检验。

3.3.3 主体功能的调试应符合以下要求：

1 调试顺序：单项空载调试、联动空载调试、试生产调试。

2 底盘发动机的试运转、整机行走及回转调试。

3 变幅、伸缩、布料、上料驱动系统的调试。

4 检查操纵机构动作是否正确。

3.3.4 安全保护功能调试应包括以下内容:

1 伸缩限位装置调试。

2 出料口荷载自动保护装置调试。

3 角度指示器的调整。

4 电视监控系统调试。

3.4 拆　　除

3.4.1 应按照拆除专项方案进行。

3.4.2 拆除过程中，不得切割承力部件。

3.4.3 起吊每一部件时，应确认部件已解除连接，应保证未拆除部分安全，不得使用起重机强行分离。

3.4.4 拆除时宜以厂家的出厂部件为拆除单元，防止碰撞，避免拆除性损伤。

3.4.5 拆除后的仪表、仪器、电气元件，应有防震、防水、防雷击等保护措施。

3.4.6 所有部件应进行检查、检修、保养，所有运转部位应进行清洗、注油，裸露接合部位应进行包扎保护。

3.4.7 布料、上料胶带输送机机架应摆放平整，检查杆件及焊缝、外观等。

3.4.8 拆除完毕，所有部件、配件应整理登记，并做好移交管理工作。

4 运　行

4.1 一 般 规 定

4.1.1 作业人员应符合以下要求：

1 作业人员经培训合格后上岗。

2 作业人员应清楚当班作业的内容及安全注意事项。

3 操作人员必须听从指挥人员的指挥。

4 在作业过程中，操作人员对所有的“紧急停止”信号都应服从。

5 初次动作、变换动作时布料机操作人员应鸣号警示，确认无误后再启动设备。

6 信号指挥人员应准确发出符合《起重吊运指挥信号》GB 5082 的指挥信号，不得擅离职守，不得私自转由他人指挥。

7 信号指挥人员的通信工具应可靠，保证作业过程中通信畅通。

4.1.2 运行时应符合以下规定：

1 作业时不得对运转部位进行调整、检修等工作。

2 作业中发生故障，应停止作业进行检查和处理。

3 两台及以上布料机同时作业时，应保证安全距离。

4 对作业场地具体要求应按设备技术文件执行。

5 特殊环境施工，应编制相应的安全技术措施。

6 夜间作业时，应有符合安全规定和施工要求的照明。

4.2 作 业 前 准 备

4.2.1 各部位人员应到位，并确保通信畅通。

4.2.2 作业前的检查：

1 检查布料机零部件、连接件、紧固件。

2 检查液压系统的液压油缸、液压油管和阀门等部件，检查液压油箱中的油位。

3 检查电气线路。

4 检查伸缩牵引钢丝绳。

5 检查布料胶带输送机和上料胶带输送机的清扫器。

6 检查尾部V形清扫器。

7 检查溜槽衬板。

8 检查供料系统的出料装置与上料胶带输送机的受料斗。

9 检查与胶带运动相接触的卸料斗板。

10 检查胶带。

4.3 作　　业

4.3.1 布料机启动时应符合下列要求：

1 整机启动前所有操作杆应在零位。

2 观察仪表，发现异常，应停车检查。

3 发动机启动不能连续使用启动器，每次启动时间小于15s，一次不能启动，隔30s以后再启动。

4 布料机启动顺序按设备使用维修手册的规定执行。

4.3.2 操作应符合下列要求：

1 作业面区域转移时，行走马达位于后方。

2 行走操作要平稳，避免猛起急停。

3 回转动作前应拉出回转锁止的销，解除锁止状态。

4 回转应平稳进行，避免突然制动。

5 布料机行走到工作场地后，作业前应关闭行走制动开关，锁定行走机构。

6 按顺序启动布料胶带输送机和上料胶带输送机。

4.3.3 停机应符合下列要求：

1 停机前，应对胶带输送机进行卸载。

2 工作完毕，应将布料机停放在坚固、平整的地面上，使制动器置于制动状态，锁定回转机构，操纵杆置于零位，关闭动力，锁闭操作室。

3 风速超过设备技术文件规定，布料臂应顺风方向摆放，并锁定回转机构。

5 维护与保养

5.1 维 护

5.1.1 运行期间的维护应符合下列要求：

1 检查转运斗堵料情况，堵料时应停机处理。

2 检查头部清扫器，保持正常工作。

3 检查改向滚筒装置，保证正常工作。

4 检查减速箱，保持正常工作。

5 检查胶带的运行情况，胶带跑偏时应停机处理。

6 检查液压系统密封。

7 因故中途停止工作时，应对布料机进行卸载。

5.1.2 运行后的维护：

1 拆下受料斗、卸料斗、头部清扫器、溜管等，及时清理干净。

2 检查头部清扫器刀片，及时更换。

3 冲洗输送胶带，确保伸缩式布料胶带和上料胶带的驱动滚筒区域清洁。

4 检查胶带破损和张紧状况是否满足要求。

5 使输送机胶带运转直至清洁、干爽为止。

6 清洗尾部清扫器和V形削刮器。

7 清理滚筒和托辊上的混凝土堆积料。

8 清理伸缩滑动装置上的堆积料。

9 检查伸缩牵引钢丝绳张紧是否满足要求。

10 按使用维修手册的规定，定期维护。

5.2 保　养

5.2.1 每周检查一次钢丝绳组件和端接头，每月润滑一次牵引驱动绳，每两年清洗一次牵引驱动绳。

5.2.2 每周检查一次滑轮和轴的磨损情况。

5.2.3 每天检查一次料斗、转接斗、裙板与胶带的接触情况。

5.2.4 滚筒轴承每周润滑两次。

5.2.5 变幅油缸活塞、关节轴承每周润滑一次。

5.2.6 布料机底盘应按厂家要求定期保养。

5.2.7 液压工作油和变速箱润滑油应符合规定的种类和牌号，并按时、按季、按质更换，不同牌号的油脂不得混合使用。操作人员在补加各种油脂时，不得吸烟或接近火源。

5.2.8 滤芯应按规定定期清洗或更换。

5.2.9 蓄电池应经常检查，按规定进行保养。

6 运　　输

6.0.1 应按设备技术文件的要求制订运输方案。

6.0.2 应符合交通运输管理部门的有关规定。

6.0.3 布料机底盘运输时，应锁定回转机构。

6.0.4 运输过程中应防止碰撞、腐蚀、变形，异型部件应采用特种支垫并安全捆绑。

6.0.5 电气元件、液压管件、销轴、螺栓连接副等应按要求包装。

6.0.6 运输车辆应悬挂警示标志。

本规范用词说明

1 为了便于在执行本规范条文时区别对待，对要求严格程度不同的用词说明如下：

1） 表示很严格，非这样做不可的：

正面词采用“必须”，反面词采用“严禁”。

2） 表示严格，在正常情况下均应这样做的：

正面词采用“应”，反面词采用“不应”或“不得”。

3） 表示允许稍有选择，在条件许可时首先应这样做的：

正面词采用“宜”，反面词采用“不宜”。

4） 表示有选择，在一定条件下可以这样做的，采用“可”。

2 条文中指明应按其他有关标准执行的写法为：“应符合……规定”或“应按……执行”。

引 用 标 准 名 录

《起重吊运指挥信号》GB 5082
《起重机械用钢丝绳检验和报废实用规范》GB/T 5972
《起重机械安全规程》GB/T 6067
《履带起重机安全操作规程》DL/T 5248—2010

中华人民共和国电力行业标准

水电水利工程施工机械安全操作规程
履 带 式 布 料 机

DL/T 5723 — 2015

条 文 说 明

目　　次

3 安 装 与 拆 除

3.1 准 备 工 作

3.1.1 专项安装、拆除方案的内容包括：

1 应以厂家技术文件、使用维修手册及现场实际条件为依据编制技术方案。

2 应以相关安全法规、专项安全条款为依据编制施工安全保证措施。

3 安装与拆除准备工作，划定安装与拆除的工作区域，悬挂警示牌。

4 布料机进、出场的运输方案。

5 施工人员及设备的配置。

6 安装与拆除程序及质量要求。

7 安装与拆除注意事项。

8 重大危险源、安全技术措施及应急预案等。

3.1.2 安装、拆除前主要检查以下内容：

1 主要结构件如桁架、三角支架等应无明显变形，局部有损坏要及时修复。

2 结构件及焊缝应无裂纹，对于无法修复裂纹的结构件应报废。

3 主要承载结构件的表面腐蚀深度应小于原厚度的10%。

4 液压装置应齐全，无缺油、漏油等现象。

5 电气系统配置齐全，各部位的绝缘、接地应符合要求。

3.1.3 安装前对机构、人员、器具进行落实和检查：

1 检查是否配置专职安全员。

2 检查特种作业人员是否持证上岗，配备的人员是否能胜任其所在岗位的工作。

3.1.4 从事安装与拆卸工作的特种作业人员包括起重作业人员、电工、架子工、电焊工等。

3.1.5 安装、拆除前应检查吊装机具：

1 检查起重设备能否满足安装的起重量及对应的工作幅度、起升高度要求。

2 检查使用的其他器具（起重索、卸扣等）的安全性能否满足安装安全的要求。

3.2 安　装

3.2.3 履带式布料机的安装程序：

按照先机械结构及装置组装，后驱动控制系统及电视监控系统连接的原则进行安装。具体安装顺序：

1 底盘履带扩张找平。将未带配重的底盘移至安装场地，使机体由正前方转 90° 向着履带的侧面。拉起履带伸缩转换杆，由销孔的位置拔出 4 根锁紧销。把左行走杆推向前方时，履带就会扩张，导销碰触着拉杆长孔的末端时，左行走杆回到中位。把 4 个锁紧销插入销孔的位置，加以锁定。最后把履带伸缩转换杆推向前方的“行走位置”，机体回转至正前方，完成履带扩张操作。

2 变幅油缸安装。

3 三脚支架安装。

4 布料胶带输送机安装。用吊车将布料胶带输送机吊起，如有必要再用手拉葫芦调平，用两根连接销轴与三脚支架连接，将布料胶带输送机放在安全凳上（安全凳应置于布料胶带输送机最前端）。

5 配重安装。

6 主机受料斗安装。

7 上料胶带输送机安装。

8 液压管路的安装。

9 相关电气设备、线路的安装。

10 其他附件安装。

3.3 调　　试

3.3.3 主体功能的调试：

1 调试顺序：单项空载调试、联动空载调试、试生产调试。

1） 单项空载调试包括底盘行走机构、回转机构、变幅机构、桁架伸缩、布料胶带输送机、上料胶带输送机等运行调试。此过程主要调整胶带跑偏、胶带张紧程度、伸缩限位、回转速度、变幅速度等。

2） 联动空载调试。按顺序启动布料胶带输送机和上料胶带输送机，待运行稳定后，再任意操作回转、变幅、桁架伸缩等动作。检验各个动作是否能够协调运行。

3） 试生产调试。在联动空载调试完后，准备好试生产用的混凝土和场地，进行试生产，检验布料机的生产能力。

3.3.4 安全保护功能调试应包括以下内容：

1 伸缩限位装置调试。在布料机臂架接近完全伸出/缩回的状态下，预调整限位器的凸轮位置，然后反复试验几次，使臂架的伸出/缩回极限位置达到理想位置时限位报警器立即发出声音报警，并立刻停止伸出/缩回动作（该项行程参数在出厂前已设置好，一般用户不需再另行设置）。伸缩行程限位精度应满足 0.5% 的设计要求。例如：最大布料半径为 40m 的布料机，其限位精度应在 200mm 以内。

2 出料口荷载自动保护装置调试。试验在模拟荷载达到限值时，驱动系统能否自动关断停机，以防止过载翻车。出料口荷载自动保护装置设置荷载为 500kg（误差小于 5%）。

3 角度指示器的调整。布料机上有变幅角度指示器，显示布料机臂架的变幅角度。需要操作人员积累经验，在确保不翻料的前提下设定速度。

3.4 拆　　除

3.4.1 拆除方案应经项目的技术负责人批准方能实施。拆除原则按照安装程序逆序进行：首先将布料桁架放下，在桁架前端用安全凳垫好；依次拆下附件（油管、电气）、上料胶带输送机、主机受料斗、配重、油缸、布料胶带输送机、三脚支架等。

3.4.2 承力部件包括桁架所有杆件、三脚支架、所有连接销轴等。

4 运　行

4.1 一 般 规 定

4.1.1 对作业人员的要求：作业人员包括操作、指挥和巡视人员。

1 布料机的作业能力及作业范围是有限度的，超过限度会造成事故，严重的会造成车毁人亡，因此作业人员进行上岗前培训是非常必要的。

4.1.2 运行时应符合以下规定：

1 在作业时，布料桁架的走道上严禁站人，如需检修、调整部件，必须停机。

3 两台及以上布料机同时在同一作业区域内作业时，应选派有经验的操作人员操作，统一由专人指挥，保证相互之间有足够的安全距离。

4 作业时地面应平整坚实，作业地面承压能力应大于履带板最大支承力（进行抗倾覆稳定性计算时得出的履带板最大支承力）。整机应目视水平，倾斜度不得大于4°。

5 雨雪等恶劣天气或在危险环境下施工，应编制相应的安全技术措施，并报相关单位批准后方可实施。

4.2 作 业 前 准 备

4.2.2 作业前的检查：

1 特别要注意所有运转零件（如槽形托辊、平行托辊、改向滚筒、张紧滚筒、驱动滚筒等）是否转动灵活。

4.3 作　　业

4.3.1 布料机启动时应符合下列要求：

4 布料机启动顺序：启动发动机后暖机 5min 左右，再启动布料胶带输送机，待布料胶带输送机运行稳定后，再启动上料胶带输送机，待运行稳定后，其他动作可任意启动（底盘行走机构除外）。

4.3.3 停机应符合下列要求：

1 停机（包括作业中故障停机）前，应及时清除布料胶带输送机和上料胶带输送机上的物料，避免混凝土在胶带输送机上凝固损伤胶带，避免胶带输送机带负荷启动损坏驱动装置。

5 维 护 与 保 养

5.1 维 护

5.1.1 运行期间的维护应符合下列要求：

2 头部清扫器刀片为矩形合金刀片，当矩形刀片的一个棱边磨损后，可以将刀片翻转 90° 继续使用，当四个棱边全部磨损后更换整个刀片。

7 作业中因故停机，应及时清除布料胶带输送机和上料胶带输送机上的物料，避免混凝土在胶带输送机上凝固损伤胶带，避免胶带输送机带负荷启动损坏驱动装置。

5.1.2 运行后的维护：

9 将布料机臂架置于最大仰角 25°，操作臂架伸出，如果出现钢丝绳与主动摩擦轮打滑，则需要张紧钢丝绳。

5.2 保 养

5.2.8 例如，液压油吸油滤芯每隔 500h 更换，回油滤芯每隔 1000h 更换，且第一个工作 200h 更换。发动机滤芯更换按发动机厂家的规定进行。